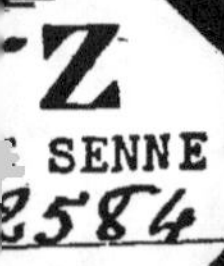

GUIDE DE L'ÉTUDIANT

AU NOUVEAU

JARDIN BOTANIQUE

DE LA

FACULTÉ DE MÉDECINE DE PARIS

PAR

M. H. BAILLON

PARIS

F. SAVY, LIBRAIRE-ÉDITEUR

RUE HAUTEFEUILLE, 24

1865

GUIDE DE L'ÉTUDIANT

AU NOUVEAU

JARDIN BOTANIQUE

DE LA

FACULTÉ DE MÉDECINE DE PARIS

PAR

M. H. BAILLON

PARIS

F. SAVY, RUE HAUTEFEUILLE, 24

1865

AVERTISSEMENT

Les élèves de la Faculté n'ont que peu de temps à accorder aux études botaniques. Il est donc bon qu'on leur procure les moyens d'acquérir en une saison, s'il est possible, toutes les connaissances qui leur seront plus tard indispensables. C'est pour eux, et spécialement en vue de leurs études, que la nouvelle École de botanique a été plantée et distribuée.

Les familles végétales y ont été disposées de manière à présenter un enchaînement facile à saisir. Par suite, une seule phrase, ou un petit nombre de mots, indiquent, dans cet opuscule, par quels caractères principaux une famille donnée diffère des familles voisines. Il est inutile de déclarer que, par leur brièveté même, ces sortes de caractéristiques ne sauraient être absolues. On n'y peut insister sur les exceptions de détail, pour lesquelles on renvoie à des ouvrages plus complets.

Comme on n'a pas perdu de vue qu'il s'agit ici de botanique médicale, on a énuméré, à la suite de chaque famille, les plantes les plus utiles à la médecine qu'elle renferme. Pour l'étudiant qui veut les connaître à fond, on a placé à la suite du nom de chaque plante officinale un signe abréviatif renvoyant à l'un des ouvrages suivants, qui se trouveront dans la bibliothèque de la Faculté, et qui sont au nombre de neuf :

I. L'*Adansonia*, recueil périodique d'observations botaniques (vol. I-V).

II. Les *Éléments de botanique*, de M. Payer. Paris, 1857. (Ce

petit ouvrage, que tout élève devrait posséder, contient l'organo-
graphie végétale.)

III. La *Botanique cryptogamique*, du même auteur. Paris, 1850.

IV. Le nouveau *Dictionnaire encyclopédique des sciences médicales*, édité par V. Masson et Asselin. (Les deux premiers
volumes sont seuls publiés.)

V. Le *Genera plantarum* d'Endlicher (pour les caractères des
familles et des genres).

VI. Les *Leçons sur les familles naturelles des plantes*, de
M. Payer. (Huit livraisons contenant la plupart des familles qui
intéressent la médecine, ont paru. La publication se continue.)

VII. L'*Histoire naturelle des drogues simples*, de M. Guibourt
(4ᵉ édit., 1849).

VIII. Le *Flora medica*, de M. Lindley. (Ouvrage très-utile à
consulter, parce qu'il en résume beaucoup d'autres publiés en
Allemagne et en Angleterre.)

IX. Les *Éléments d'histoire naturelle médicale*, de Ach. Richard
(4ᵉ édit., 1849).

On ne saurait trop engager les étudiants : 1° à examiner de près, par eux-
mêmes, celles des plantes cultivées dans le jardin, et dont il a été question dans
les cours de la Faculté ; 2° à ne pas craindre d'adresser des questions sur les
points qui les embarrassent, aux personnes qui sont chargées de leur instruction ;
3° à suivre avec fruit les herborisations, pour bien connaître les plantes offici-
nales, alimentaires et industrielles qui croissent à la campagne. Ils pourront
consulter avec avantage le nouveau *Guide du botaniste herborisant*, que vient de
publier M. Verlot.

Paris, mai 1865.

CLASSEMENT DE L'ÉCOLE DE BOTANIQUE

DE LA FACULTÉ DE MÉDECINE DE PARIS

L'École de botanique de la Faculté de Médecine a actuellement la forme d'un long triangle presque isocèle, à base relativement étroite. La série des familles utiles à connaître pour les élèves de la Faculté, commence à partir de cette base par l'embranchement des Acotylédones qui n'y peuvent être que très-pauvrement représentées. Les Monocotylédones leur succèdent dès la seconde plate-bande, et les Dicotylédones sont groupées vers le sommet du triangle.

I. ACOTYLÉDONES.

1. (1) ALGUES. La plupart de ces plantes ne peuvent être cultivées; surtout les *Thalassiophytes* qui ne vivent que dans l'eau salée (M) (2). Cette famille ne peut donc être représentée que par quelques *Conferves*. Les autres plantes utiles à connaître doivent donc être étudiées dans les collections ou les livres (C) (3). Toutes

---

(1) Chaque famille portera ainsi un numéro d'ordre, inscrit sur l'étiquette qui en indique le commencement. Une autre étiquette placée au commencement de chaque plate-bande, au bord de l'allée latérale gauche, portera les numéros des familles comprises dans toute la longueur de cette plate-bande.

(2) Cette lettre désignera les plantes dont la culture est impossible ou trop difficile pour que l'École de Botanique les possède.

(3) Lettres abréviatives qui désignent les quelques ouvrages auxquels les étudiants peuvent avoir recours :

A, le Recueil *Adansonia.*

B, les *Éléments de Botanique* de Payer.

C, la *Botanique cryptogamique* du même.

D, le *Dictionnaire encyclopédique des sciences médicales.*

E, le *Genera* d'Endlicher.

F, les *Leçons sur les familles naturelles* de Payer.

G, l'*Histoire naturelle des drogues simples* de M. Guibourt.

L, le *Flora medica* de M. Lindley.

R, les *Éléments* d'Ach. Richard.

Les plantes ou groupes de plantes, qui sont sans utilité pour la médecine, seront désignés par la lettre I.

les Algues sont dépourvues de tiges et de feuilles proprement dites ; elles consistent en un thalle membraneux ou filamenteux composé de cellules contenant une matière colorante particulière ; ce thalle souvent fixé par des radicelles ou crampons également celluleux. Elles se reproduisent par des spores brunes, vertes ou rouges (D, II). — Plusieurs *Fucus*, plantes alimentaires (*Carragahen*), mucilagineuses, ou contenant du sucre, ou de l'iode, ou des sels sodiques. *Laminaria* comestibles. *Polysiphonia. Sargassum* id., et fondants, résolutifs. *Mousse de Corse* (*Gigartina* ou *Plocaria Helminthocorton*) vermifuge. Conferves des eaux thermales (C, 15-36; 39-54. G, II, 44-58).

2. Characées. Plantes aquatiques, rangées ordinairement parmi les Algues, à tubes de différents degrés, à organes reproducteurs latéraux, à sexes distincts (spores et phytozoaires) (I, C, 36).

3. Fungacées ou Champignons. Plantes souterraines ou aériennes, ou vivant dans les êtres organisés, à thalle filamenteux (*Mycelium*), avec organes reproducteurs supportés par ce thalle, plus souvent extérieurs et plus développés que lui, le tout celluleux. Organes reproducteurs femelles (spores) distincts des organes de végétation (C, 55). — Champignons comestibles (Bolets, Chanterelles, Morilles, Truffes, etc.). Id. vénéneux (Agarics, D, II, 85). Ergot de Seigle (G, II, 65). Agaric blanc ou du Mélèze (G, II, 64). Polypore amadouvier (G, II, 66). Champignons parasites de l'homme et des animaux. *Trichophytes, Achorion, Microspore, Oidium, Mucor, Puccinie* (cons. le *Traité des Végétaux parasites* du professeur Ch. Robin).

4. Lichens. Frondes aériennes en plaques ou en ramifications, à fibrilles celluleuses radiciformes. Spores contenues dans des thèques placées avec des paraphyses dans des portions localisées, ordinairement bien limitées, de la surface des frondes (C, 87). — *Lichen d'Islande* (*Cetraria islandica*). *L. Pulmonaire* (*Sticta pulmonacea*). *Orseilles. Tournesol en pain. Lichen des Rennes* (*Cladonia rangiferina*). *Usnées. Scyphophores* (L, 625-629, G, II, 73).

5. Hépatiques. Plantes à simple expansion membraneuse

(*Anthoceros*),ou partagée en figures régulières, pourvues de stomates (*Marchantia*), avec épidermes distincts, ou à thalles avec nervures principales, et en forme de tiges feuillées. Organes reproducteurs femelles renfermés dans des sporanges déhiscents par plusieurs fentes longitudinales ou irrégulièrement (*Marchantiées*) ou régulièrement (*Jungermannes*) (C, 128). — Propriétés des Lichens. *Marchantia* hydragogues. Hépatiques odorantes, acres.

6. Mousses. Tiges et feuilles distinctes, mais entièrement celluleuses les unes et les autres ; accroissement par les extrémités. Organes mâles à anthérozoïdes. Organes femelles (spores) réunis dans un sac (sporange) logé dans une urne s'ouvrant par un couvercle (opercule) et recouvert lui-même d'une coiffe (C, 145). — Mousses comestibles (*Sphagnum*), astringentes et diurétiques (*Polytrichum*).

7. Fougères ou Filicinées. Plantes pourvues de tiges et de feuilles, à axes et appendices distincts, à tiges pourvues de faisceaux non cellulaires ; s'accroissant par leurs extrémités. Organes mâles à anthérozoïdes. Organes femelles (spores) renfermés dans des cavités spéciales (sporanges). Sporanges groupés sur les frondes ou feuilles, tantôt ordinaires, tantôt spéciales par la forme et le degré de développement, en masses tantôt nues, tantôt indusiées (C, 184). — *Calaguala* (*Acrostichum Huacsaro*, etc.) (D, I, 664). Polypodes sudorifiques, fébrifuges. — Capillaire de Montpellier et du Canada (*Adiantum Capillus-Veneris* et *pedatum*, L, 618). Osmonde royale. Fougère mâle (*Nephrodium Filix-mas*). Ceterach des officines. Rue des Murailles. Scolopendre. Fougère porte-aigle (*Pteris aquilina*), (G, II, 85-94).

8. Lycopodiacées. Plantes musciformes, à tiges cellulo-vasculaires, avec feuilles et organes reproducteurs dans des sporanges axillaires, souvent en épis ; déhiscents ou indéhiscents (C, 207). Poudre de Lycopode (*Lycopodium clavatum*) (G, II, 95). Lycopodes purgatifs, astringents, détersifs (L, 621).

9. Marsiléacées ou Rhizocarpées. Plantes aquatiques à rhizomes rampants, à feuilles pétiolées quadrifoliolées (*Marsilea*), ou san

expansion analogue à ce limbe (*Pilularia*) ; à sporocarpes renfermant des spores fixées dans leur intérieur par un pédicelle (I, C, 219).

10. ÉQUISETACÉES OU PRÊLES. Tiges à parois creuses, articulées, striées, incrustées de matière siliceuse, avec collerettes dentées aux points de jonction ; cellulo-vasculaires. Organes mâles à anthérozoïdes. Organes femelles ou sporanges réunis sous la tête de clous insérés en épi terminal sur un axe commun. Spores à élatères élastiques (C, 213). — Prêles employées à polir ; diurétiques, emménagogues (G, II, 99).

II. MONOCOTYLÉDONES.

11. GRAMINÉES. Plantes monocotylédonées ayant pour tiges des *chaumes* noueux et des feuilles alternes engaînantes, la gaîne étant fendue dans sa longueur, avec une saillie dite *ligule* (B, 53), au point d'union de la gaîne et de la portion libre de la feuille. Les fleurs sont groupées en petits épis dits *épillets* ou *locustes* réunis en un épi commun ou en une panicule. Chaque épillet est entouré à sa base de deux bractées dites *glumes* (B, 92). Les fleurs ont en guise de périanthe deux bractées placées en face l'une de l'autre à des niveaux différents (*glumelles*), des étamines au nombre de deux à six, rarement plus, et presque toujours trois, et un ovaire libre avec un ovule presque basilaire, ascendant. Le fruit présente une seule graine adhérente à son péricarpe (*caryopse*) (B, 234.) — Céréales. Graines à albumen (B, 251) féculent (Froments, Seigles, Riz, Orges, Maïs, Sorghos, Gruau d'Avoine). Souches sucrées et aromatiques du Roseau (*Arundo Phragmites*) et de la Canne de Provence (*A. Donax*) (R, I, 95). Canne à sucre (*Saccharum officinarum*) (G, II, 116). Flouves odorantes. Vétivers (*Andropogon*). Chiendent (*Triticum repens*) (R, I, 87). Bromes purgatifs. Graminées délétères. Ivraie (*Lolium temulentum*) (L, 609, G, II, 108-136). Ergot des Graminées (C, 57).

12. CYPÉRACÉES. Plantes analogues aux Graminées par leur

végétation, à chaumes souvent triangulaires, à gaînes des feuilles
ordinairement non fendues, à fleurs nues situées à l'aisselle d'une
bractée, ou unisexuées ou hermaphrodites. Fruit en akène (B, 234),
à graine basilaire dressée; entouré souvent d'un utricule ou d'ai-
grettes (disque). Albumen féculent. Petit embryon basilaire. —
Souchets long et rond. S. comestible (R, I, 79). Salsepareilles
d'Allemagne (*Carex*) (G, II, 106, L, 614). Papyrus des anciens
(*Cyperus Papyrus*).

13. PALMIERS. Fleurs hermaphrodites ou unisexuées, à périanthe double, généralement trimère; isostémones ou à étamines
indéfinies; gynécée à 3 carpelles (rarement moins) libres ou unis,
uni ou biovulés. Fruits à mésocarpe charnu ou fibreux. Graines
albuminées. Fleurs nombreuses en spadices, entourées d'une
spathe (B, 91). Plantes ligneuses rarement ramifiées. Feuilles
alternes engaînantes, simples ou composées-pennées ou composées-
digitées (E, 244). — Palmiers à huile (*Elais*). Arec à cachou
(*Areca Catechu*). Sagoutiers (*Sagus lævis, farinifera, Caryota*).
Palmier Dragonnier (*Calamus Draco*). Palmiers à sucre, à vin,
à lait. Dattes et Cocos (L, 582, G, II, 136-150).

14. PANDANÉES. Plantes analogues aux Palmiers pour le port,
à feuilles simples, à fleurs unisexuées, en spadices. Organes
sexuels nus, sans périanthe, fleurs mâles représentées par des
bouquets d'étamines; fleurs femelles, par des réunions d'ovaires
uni ou pluriovulés. Placentation pariétale (E, 247). — Vaquois
(*Pandanus*) à fleurs odorantes, aphrodisiaques, à fruits comestibles,
à fibres textiles.

15. CYCLANTHÉES. Pandanées à feuilles composées-pennées ou
flabellées. Fleurs monoïques en spadices androgynes. Fleurs
femelles insérées en cercles parallèles ou en spires sur l'axe du
spadice, et entourées des fleurs mâles. Périanthe peu développé.
Étamines nombreuses. Ovaires multiovulés, à placentas pariétaux
(E, 248). — *Carludovica* à pailles de Guayaquil dites *Panama*.

16. AROIDÉES. Plantes herbacées à tiges grêles, grimpantes,
ou à souches souterraines courtes, gorgées de sucs. Feuilles

alternes pourvues d'une gaîne (complètes). Fleurs en spadice
(B, 91), à spathe enveloppant un axe simple portant, ou des fleurs
hermaphrodites, ou des fleurs monoïques, femelles à la base, mâles
au-dessus et jusqu'en haut, ou au sommet seulement des rudi-
ments de fleurs mâles. Ovules solitaires ou nombreux (E, 233).—
Gouet ou Pied-de-veau (*Arum maculatum*) à souche charnue,
amylacée, à suc frais irritant (R, I, 74). Colocases comestibles.
Aroïdées âcres, brûlantes (*Arisœma, Typhonium, Dracontium,
Dieffenbachia*) (L, 601-606).

17. LEMNACÉES. Petites plantes aquatiques à frondes prolifères
spongieuses inférieurement, souvent garnies de radicelles simples;
à gynécée renfermé dans une sorte de spathe membraneuse in-
cluse; à ovaire uniloculaire uni ou pauciovulé; accompagné d'une
ou d'un petit nombre d'étamines latérales (1, E, n° 1668).

18. TYPHACÉES. Herbes aquatiques à organes de végétation analogues à ceux des Cypéracées, à organes de floraison voisins de
ceux des Aroïdées. Fleurs unisexuées, monoïques, en épis.
Fleurs mâles à étamines nombreuses accompagnées, au lieu de
périanthe, d'écailles ou de filaments en nombre variable. Fleurs
femelles à gynécée uniloculaire et uniovulé. Ovule anatrope suspendu. Graine albuminée (E, 241). — Rhizomes de Massette
(*Typha*) astringents, diurétiques. Pollen substitué au Lycopode
(G, 11, 98).

19. JONCÉES. Fleurs à périanthe double, comme celui des Palmiers, non coloré. Six étamines, en deux verticilles, superposées
aux divisions du périanthe. Ovaire libre tricarpellé, à trois loges,
ou à une loge avec trois placentas pariétaux. Ovules ascendants;
placentas uni ou pluriovulés. Fruit capsulaire. Graine à albumen
charnu. Herbes souvent aquatiques, à port caractéristique (E,
130). — Luzules et Joncs diurétiques (I).

20. ÉRIOCAULÉES. Joncées à fleurs diclines, à trois étamines
seules d'ordinaire fertiles, alternes aux divisions extérieures du
périanthe. Ovaire à trois loges uniovulées : ovule suspendu orthotrope (I, E, 122).

21. RESTIACÉES. Ériocaulées à port et à végétation de Joncées, à fleurs pourvues de trois étamines fertiles seulement, avec ou sans staminodes alternes aux divisions intérieures du périanthe (I, E, 120).

22. COMMELYNÉES. Périanthe double à verticilles dissemblables, l'extérieur non coloré, l'intérieur pétaloïde. Six étamines superposées aux divisions du périanthe, ou toutes fertiles, ou en partie stériles et transformées. Gynécée libre. Ovaire à 3 loges, à placentation axile. Ovules en nombre indéfini, orthotropes ou à peu près (E, 124). — Rhizomes amylacés. *Tradescantia* et *Commelyna* diurétiques, pectoraux, emménagogues (presque I).

23. LILIACÉES. Périanthe double ayant toutes les divisions colorées et pétaloïdes. Autant d'étamines superposées et formant deux verticilles. Gynécée libre à trois parties superposées aux sépales extérieurs. Fruit sec (*Liliacées* proprement dites), ou charnu (*Asparaginées*). Fleurs souvent diclines, gynécée souvent incomplet et port de Dicotylédones chez les Smilacinées (R, II, 120-144, G, II, 159-187). Tiges en forme de rhizomes ou de bulbes (B, 18,19), ou sarmenteuses. — Lis blanc (G, 161, R, 122). Squames de Scille (*Scilla maritima*) (G, 163, R, 126, L, 591). Ail vulgaire, Ognon, Poireau et autres *Allium* (D, II, 219). Muguet (*Convallaria majalis*) (G, 171, R, 136). Sceau de Salomon (G, 172, R, 142). Aloès (L, 594, G, 164, R, 128). Asperge (G, 173, R, 133). Dragonniers (L, 593). Petit-Houx (*Ruscus aculeatus*) (G, 172). Squine (M) et Salsepareilles (L, 597, G, 175-187, R, 137).

24. PONTÉDÉRIACÉES. Liliacées, ordinairement aquatiques, à périanthe irrégulier (I, E, 137).

25. PHILÉSIACÉES OU LAPAGÉRIÉES. Asparaginées à placentation pariétale, et non axile. Fruits comestibles et souches agissant comme celles des Salsepareilles, du *Lapageria rosea* (E, 157, A, I, 44).

26. DIOSCORÉES. Asparaginées à ovaire infère, à fleurs souvent diclines. Fruit charnu (*Tamées*) ou sec (*Dioscorées* proprement dites). Ovules et graines en petit nombre dans chaque loge

(E, 157). — Ignames comestibles (*Dioscorea Batatas, japonica alata*, etc.) (R, I, 146). Racines? purgatives de *Tamus communis* (R, 145).

27. Hæmodoracées. Liliacées à ovaire infère, avec six étamines ou seulement avec trois étamines placées en face des divisions intérieures du périanthe (A, I, 324, E, 170). — *Hæmodorum* et *Anigozanthos* féculents. *Aletris farinosa* (D, II).

28. Musacées. Fleurs hermaphrodites, à ovaire infère et triloculaire, à placentas axiles pluriovulés. Périanthe supère à deux verticilles trimères. Androcée à deux verticilles, dont un, l'intérieur, est réduit à deux étamines, au lieu de trois. Feuilles alternes à nervures secondaires parallèles (E, 227). — Bananiers (*Musa*) à fruits comestibles (R, I, 155), à fibres textiles (D, I, 2).

29. Amomées ou Scitaminées. Hæmodoracées irrégulières, à androcée réduit à un seul verticille, l'intérieur, avec une seule de ses trois étamines fertiles, tantôt uniloculaire (*Cannées, Marantées*), tantôt biloculaire (*Zingibéracées*) et les autres transformées en staminodes pétaloïdes (A, I, 306-325). Ovaire infère à loges uniovulées (*Marantées*) ou pluriovulées (*Cannées, Zingiberacées*). — Souches à fécule, *Arrow-root* (M, G, II, 223), *Maranta* (L, 569), *Galangas* (M, L, 563, 568, G, II, 199). Balisiers (*Canna*), *Achiras* (D, I, 526), *Albara* (D, II. 393). Gingembres (G, 202, L, 559). Zédoaires (G, 208, L, 561). Curcumas (L, 560, G, 205). Amomes et Cardamomes (M, G, 212, L, 564, 566).

30. Orchidées. Fleurs irrégulières à ovaire infère et à placentas pariétaux multiovulés. Deux verticilles ordinairement trimères avec une des pièces de l'intérieur dissemblable comme forme et comme taille (labelle). Deux verticilles d'étamines qui toutes avortent, sauf une, l'antérieure, de celles qui sont superposées aux folioles extérieures du périanthe (A, I, 323), et qui s'unit avec le sommet du gynécée en un gynostème. — *Saleps* (L, 577, G, II, 225, R, I, 178). *Faham* (G, 229). Vanilles (G, 227, R, 179, L, 579).

31. Taccacées. Orchidées régulières à six étamines fertiles.

Ovaire infère, uniloculaire, à trois placentas pariétaux multiovulés (E, 159). — Tubercules féculents des *Tacca* et *Ataccia* (G, II, 150).

32. Amaryllidées. Liliacées à ovaire infère, six étamines et trois loges ovariennes, avec placenta axile (R, I, 148). — *Crinum*, *Pancratium* et *Galanthus* âcres, émétiques. *Amaryllis, Brunsvigia* vénéneux (L, 571). Narcisse des poëtes et Faux-Narcisse (R, I, 149). Alstrœmères à souches féculentes (L, 573). *Agave* (D, II, 134).

33. Hypoxidées. Amaryllidées à périanthe imbriqué, à graines pourvues d'arille et à radicule embryonnaire éloignée du hile (E, 173). — *Hypoxis* et *Curculigo* astringents, aromatiques.

34. Mélanthacées ou Colchicacées. Amaryllidées à ovaire supère, ou Liliacées à styles partites, à capsules septicides, folliculiformes (R, I, 111). Rhizomes ou bulbes pleins. — Colchique d'automne. Hermodactes. Varaire. Ellébore blanc. Schœnocaule. Cévadilles. Gyromie de Virginie (R, 111-120, L, 585-589, G, II, 150-159).

35. Iridées. Amaryllidées à trois étamines seulement superposées aux trois folioles extérieures du périanthe. Fleurs régulières (*Iridées* proprement dites), ou irrégulières (*Gladiolées*) (E, 164). — Tiges (dites à tort *racines*) d'Iris de Florence et autres (G, II, 181). Safran (*Crocus sativus*) à bulbes pleins (B, f. 23, 24, G, II, 193, L, 575, 576).

36. Bromeliacées. Amaryllidées à deux verticilles du périanthe dissemblables, à albumen féculent (E, 181). — Ananas (R, I, 152).

37. Hydrocharidées. Bromeliacées aquatiques à périanthes dissemblables, à ovaire infère, à placentas pariétaux se rejoignant parfois au centre, à fleurs souvent diclines enveloppées par une spathe (I, E, 160).

38. Juncaginées. Herbes aquatiques, à carpelles indépendants supères, à périanthes semblables, calyciformes (I, E, 127).

39. Naiadées. Juncaginées apérianthées ou à périanthe simple,

peu développé, à fleurs diclines, à carpelles indépendants solitaires ou rapprochés (I, E, **229**).

40. Butomées. Juncaginées à fleurs hermaphrodites, à deux périanthes dissemblables, à placenta appliqué sur les deux faces des carpelles et pluriovulés (E, **128**). — Souches âcres de *Butomus umbellatus*.

41. Alismacées. Butomées à un ou plusieurs ovules insérés dans l'angle interne des carpelles. (E, **127**). — Fluteau (*Alisma Plantago*) (D, III). Sagittaire (R, I, **71**).

III. DICOTYLÉDONES.

42. Renonculacées. Plantes dicotylées le plus souvent herbacées, à fleurs hermaphrodites, rarement diclines ; à réceptacle convexe, rarement légèrement concave (*Pœoniées*), à périanthe simple ou double. Carpelles libres, ou à peu près, à placenta pariétal situé vers l'angle interne ; à ovules nombreux, ou solitaires et ascendants avec le micropyle extérieur ; ou suspendus, avec le micropyle presque toujours intérieur. Graines albuminées (A, IV, **1**). — Ancolies (A, **43**, G, III, **696**). *Xanthorhiza* à feuilles d'ache (A, **44**). Nigelles, Toute-épice (A, **44**, R, II, **439**, L, 8; G, **694**). Ellébores noir, vert, odorant, d'Orient (A, **47**, R, **426**, **436**, L, 6, G, **694**). *Coptis* (A, **47**, L, 8). Dauphinelles. Staphisaigre (A, **48**, R, **442**, L, 9, G, **697**). Aconits Napel, Tueloup, féroce, *Anthora* (A, **49**, D, I, **574**, R, **443**, G, **699**). Renoncules âcre, scélérate, etc. (A, **50**, R, **427**, L, 4, G, **698**). Ficaire (R, **430**, A, **51**). Anémones, Pulsatille, Adonides, *Knowltonia* vésicants (A, **52**, R, **431** ; L, 2, G, **687**). *Hydrastis canadensis* (A, **53**, L, 3). Clématites, Herbe-aux-gueux (A, **53**, R, **433**, L, 1, G, **686**). Actées et *Cimicifuga* (D, I, **665**, A, **54**, L, 12, G, **693**). Pivoines mâle et femelle (A, **56**, R, **434**, L, **13**, G, **701**).

43. Dilleniacées. Renonculacées ordinairement ligneuses, à

calice ordinairement persistant, à réceptacle convexe, à graines ordinairement arillées, à ovules nombreux ou à un, deux ovules ascendants avec le micropyle intérieur (A, III, 38, E, 839). — *Davilla* astringents (L, 31). Acajou bâtard (D, I, 262). *Curatella* (L, 31).

44. MAGNOLIACÉES. Renonculacées ligneuses à réceptacle convexe, à périanthe formé d'un nombre indéfini de folioles en spire, ou de plusieurs verticilles ternaires, sans distinction absolue de calice ou de corolle. Étamines et carpelles en nombre indéfini pauci ou multiovulés. Feuilles pourvues de stipules (*Magnoliées*) ou sans stipules (*Illiciées, Schizandrées*) (E, 846, R, II, 450).— Magnolias aromatiques, amers. *Talauma*. Tulipier de Virginie (*Liriodendron tulipifera*). Badiane-Anis-étoilé et autres *Illicium*. Écorce de Winter (G, III, 677-683, L, 23, R, II, 450-458).

45. MÉNISPERMÉES. Fleurs diclines dioïques, à verticilles trimères. Calices, de un à quatre. Corolle double, ou nulle. Étamines en même nombre que les pétales auxquelles elles sont superposées, ou en nombre indéfini. Carpelles, de trois à un grand nombre, libres, avec deux ovules descendants à micropyle extérieur, dont un avorte ordinairement. Fruits drupacés. Tiges grimpantes; feuilles alternes sans stipules (E, 825).— Coque du Levant (*Anamirta Cocculus* (M, L, 371). Ménispermes fenêtré, acuminé, cordifolié, etc. (L, 367). Colombo (M, L, 369). *Abuta* (D, I, 245). *Pareira-brava* (*Cissampelos Pareira*) (M, L, 372).

46. ANONACÉES. Magnoliacées à réceptacle peu élevé, à périanthe triple, un calice et deux corolles ordinairement polypétales, plus rarement monopétales, presque toujours trimères. Carpelles libres, ou dans un seul genre (*Monodora*) unis en ovaire uniloculaire à placentas pariétaux ; multiovulés, ou à un ou deux ovules ascendants à micropyle extérieur. Graine à embryon accompagné d'un albumen ruminé. Feuilles alternes, sans stipules (E, 830). — Poivre de Guinée ou d'Éthiopie et autres *Xylopia* aromatiques (G, III, 676). Anones comestibles (R, II, 448). Faux-Muscadier des nègres (*Monodora Myristica*) (L, 28).

47. **Calycanthées.** Magnoliacées à réceptacle concave. Folioles du périanthe en nombre indéfini, à insertion spirale. Fleurs hermaphrodites. Carpelles indépendants, avec un ou deux ovules ascendants à micropyle extérieur. Graines sans albumen à embryon dont les cotylédons sont enroulés l'un sur l'autre. Feuilles opposées (E, 1239). — Plantes aromatiques (I).

48. **Monimiées.** Calycanthées à fleurs presque toujours diclines, à cotylédons droits, à un seul ovule à l'état adulte, ascendant avec le micropyle extérieur. Péricarpe drupacé (*Monimiées* proprement dites) ou sec (*Athérospermées*). (E, 313). — *Ambora, Monimia* (M), *Boldoa, Atherosperma* et *Doryphora* aromatiques.

49. **Myristicées.** Monimiées diclines, à périanthe simple, à étamines monadelphes, à carpelle unique, avec un ovule ascendant à micropyle extérieur et antérieur. Graine arillée à albumen ruminé (E, 829, A, V, 177). — Muscade et Macis (L, 24, G, II, 387, R, I, 301, M.).

50. **Laurinées.** Périanthe double ; réceptacle concave et insertion périgyne. Étamines toutes fertiles ou en partie stériles, à anthères déhiscentes par des panneaux, avec ou sans glandes latérales. Carpelle unique avec un seul ovule suspendu, à micropyle intérieur (E, 315). — Cannellier (*Cinnamomum verum*) (L, 329, G, II, 362). Sassafras (*S. officinale*) (L, 338, G, 363). Baies de Laurier (*Laurus nobilis*) (L, 340, G, 363). *Bebeeru* et Fève Pichurim (M, L, 336, G, 366-369). Cannelle Giroflée (*Dicypellum caryophyllatum*) (M, L, 337, G, 369). Camphrier du Japon (*Camphora officinarum*) (L, 332, G, 383). Avocatier (*Persea gratissima* (L, 333, G, 372). *Mespilodaphne, Aydendron, Caryodaphne, Oreodaphne, Tetranthera* aromatiques, etc. (L, 333-339). Laurier Benzoin (*Benzoin odoriferum*) (L, 339). Ravensara (G, 371).

51. **Gyrocarpées.** Laurinées à ovaire non libre, à fleurs hermaphrodites (*Illigera*), ou monoïques (*Hernandia*), ou polygames (*Gyrocarpus*), à anthères déhiscentes par des fentes ou des panneaux (I, A, V, 185).

52. **Lardizabalées.** Ménispermées à feuilles composées, à pla-

centa placé dans l'angle interne ou sur les faces latérales des carpelles, à ovules nombreux (E, 838). — *Holbœllia, Stauntonia, Akebia* à fruits comestibles, émollients.

53. BERBÉRIDÉES. Laurinées à réceptacle convexe, à deux calices, deux corolles (ou plus) di ou trimères, à deux verticilles d'étamines superposées aux pétales, à un seul carpelle à placentation basilaire ou pariétale s'élevant plus ou moins haut, à ovules multiples (E, 851, A, II, 268). — Épine-Vinette (*Berberis vulgaris*) et *Lycium* de Dioscoride (*B. Lycium*) (G, III, 667, L, 63, R, II, 460). *Podophyllum peltatum* (L, 13).

54. NELUMBÉES. Herbes aquatiques. Fleurs à pièces du périanthe, à étamines et à carpelles indépendants en nombre indéfini. Réceptacle s'élevant autour des carpelles, de manière à les emprisonner en les séparant les uns des autres (E, 902). — Lotos Fève d'Égypte (*Nelumbium speciosum*) (G, III, 665).

55. NYMPHÉACÉES. Nélumbées à carpelles unis en un ovaire pluriloculaire, à ovules nombreux. Ovaire tantôt supère (*Nuphar*), tantôt plus ou moins infère (*Nymphæa*) (B, f. 370, 389). Graines à double albumen (B, 252). Herbes aquatiques (E, 898). — Nénuphar blanc(*Nymphæa alba*) (G, III, 663, L, 19, R, II, 423). N. jaune (*Nuphar luteum*) (G, 664, L, 19, R, 424). *Euryate ferox* (L, 20).

56. SARRACÉNIÉES. Nymphéacées à ovaire libre supère, partagé en peu de loges complètes ou incomplètes superposées aux sépales et pluriovulées. Style à large dilatation en parachute. Herbes à feuilles en urnes ou cornets (I, A, I, 210, E, 901).

57. PAPAVÉRACÉES. Calice à deux, trois sépales caducs. Corolle double. Ovaire libre uniloculaire à un ou plusieurs placentas pariétaux multiovulés (F, 129). Suc laiteux blanc ou coloré.— Pavot à opium (*Papaver sommiferum album*). P. à œillette(*P. s. nigrum*). Coquelicot (*P. Rhœas*) (G, III, 643-648). P. cornu (*Glaucium corniculatum*). Grande-Eclaire (*Chelidonium majus*). Sanguinaire du Canada (G, 640-643).

58. FUMARIACÉES. Papavéracées à quatre pétales dissemblables,

à ovaire uniloculaire, avec deux placentas pariétaux, à suc non laiteux, à fleurs régulières (*Dielytrées*) ou irrégulières (*Corydalées*). (F, 126). — Fumeterres officinale et autres (G, III, 638).

59. CAPPARIDÉES. Papavéracées à calice et à corolle tétramères, à ovaire uniloculaire porté sur un pied allongé, à étamines définies (*Cléomées*) ou indéfinies (F, 134). — Câprier (*Capparis spinosa*) (G, III, 617).

60. CRUCIFÈRES. Capparidées à calice et à corolle tétramères en croix, à six étamines didynames (rarement moins), à ovaire uniloculaire, ordinairement à deux placentas pariétaux, à fausse cloison persistant dans le fruit, qui est presque toujours une silique ou une silicule. Pas d'albumen. (F, 137, B, 142, 156, 184, 196, 237, 249, 260). — Choux (Colza, Navets, etc.). Moutarde. Cressons. Raifort. Cochlearia. Vélars. Thlaspi. Camelines. Pastel. Raves. Roquette (G, III, 621-637).

61. RÉSÉDACÉES. Crucifères à fleurs irrégulières, à deux verticilles d'étamines, à ovaire uniloculaire avec plusieurs placentas pariétaux, ou à carpelles indépendants (*Astrocarpées*) (F, 140). — Réséda odorant, Gaude (*R. luteola*) (G, III, 616).

62. CÉPHALOTÉES. Astrocarpées apétales, à réceptacle concave, à androcée diplostémoné, à carpelles indépendants, avec un ovule ascendant à micropyle intérieur. Herbes à feuilles en urnes. (I, E, n. 4628).

63. CRASSULACÉES. Céphalotées à réceptacle convexe ou légèrement concave, à corolle polypétale (*Crassulées, Sedées*) ou gamopétale (*Rochées, Umbilicées*); à androcée isostémone (*Crassulées, Rochées*), ou diplostémone (*Sedées, Umbilicées*). Carpelles indépendants oppositipétales devenant des follicules. Plantes ordinairement grasses (E, 808, B, 134, 138, 139), — Joubarbes (*Sempervivum*). Orpin, *Sedum acre, album*, etc. (G, III, 234).

64. PHYTOLACCÉES. Crassulacées à réceptacle légèrement concave, à carpelles indépendants, au moins en grande partie, uniovulés. Ovule amphitrope ou campulitrope ascendant, à micropyle

inférieur et extérieur (E, 975). — *Petiveria alliacea. Phytolacca* purgatifs (G, II, 411, L, 351).

65. Urticées. Fleurs diclines apétales. Androcée isostémone (ou moins) à filets staminaux incurvés dans le bouton. Gynécée unicarpellé. Ovule dressé orthotrope. Graine albuminée (E, 282, B, f. 468, 469). — Orties et Pariétaires (G, II, 312).

66. Pipéracées. Urticées à fleurs en chatons, nues, hermaphrodites ou diclines, diandres, à ovule unique orthotrope dressé, à graine pourvue de deux albumens (E, 265). — Poivres noir, blanc, long, Cubèbe, Bétel, de la Jamaïque (G, II, 263-267, L, 310-315). Matico (*Artanthe longifolia*).

67. Chloranthacées. Pipéracées à ovule orthotrope suspendu (A, III, 280). — *Hedyosmum* antisyphilitiques. *Chlorantus officinalis, Ascarina serrata* fébrifuges (L, 309).

68. Platanées. Chloranthacées à fleurs diclines, sans périanthe. Ovaire infère uniloculaire. Ovule orthotrope suspendu. Arbres à feuilles alternes (I, A, III, 291, E, 289).

69. Cératophyllées. Chloranthacées à ovaire libre. Ovule orthotrope suspendu. Graine sans albumen. Fleur mâle à étamines indéfinies. Plantes herbacées aquatiques à feuilles verticillées (I, A, III, 292, E, 267).

70. Saururées. Pipéracées à fleurs hermaphrodites, sans périanthe; plusieurs pistils à ovaire uniloculaire. Quelques ovules ascendants ou dressés, anatropes. Deux albumens (I, A, III, 292, E, 266).

71. Nyctaginées. Fleurs hermaphrodites ou diclines, à périanthe simple pétaloïde. Carpelle unique libre, uniloculaire. Un seul ovule anatrope dressé. Graine albuminée (B, 251, E, 310). — Belle-de-nuit (*Mirabilis Jalapa*). *Boerhavia* antisyphilitiques (G, II, 411).

72. Thymélées. Nyctaginées à ovule suspendu (E, 313) — Garou (*Daphne Gnidium*), Lauréole et Bois-Gentil (*D. Laureola, Mezereum*). Bois-Dentelle (*Laghetta lintearia*) (G, II, 358).

73. Élæagnées. Thymélées à fleurs hermaphrodites ou di-

clines, à ovule ascendant (E, 333). — Chalefs (*Elæagnus*)
fébrifuges. Argousiers (*Hippophae*) vénéneux.

74. PROTÉACÉES. Fleurs ordinairement hermaphrodites, à périanthe unique, pétaloïde, à androcée défini inséré sur le périanthe. Carpelle unique libre. Ovaire à un seul ovule plus ou moins
hémitrope, à micropyle extérieur et inférieur (*Protéinées*), ou à
deux ovules collatéraux (*Hakeées*), ou à ovules nombreux dispo-
sés en séries verticales (*Embothryées*) (1, E, 336).

75. LÉGUMINEUSES. Fleurs hermaphrodites ou diclines, à carpelle unique, à ovaire uniloculaire avec un placenta pariétal uni ou
pluriovulé. Fruit souvent en gousse. Périanthe simple ou double,
régulier (*Mimosées*), ou irrégulier (*Papilionacées, Cassiées*, etc),
à corolle gamopétale ou polypétale ; réceptacle concave (*Papilionacées*, etc.), ou convexe (*Swartziées*, etc.) ; androcée défini
décandre, à filets adelphes ou libres ; ou indéfini (*Mimosées*, etc.)
(E, 1253, B, 272).—*Mimosées :* Acacias à gomme, à cachou, etc.
(A, IV, 85, D, I, 254). *Vachellia Farnesiana* (L, 270, G, III,
366). *Inga* et *Prosopis* (L, 270-272). Mouçenna (*Albizzia an-
thelmintica* (D, II, 416). *Cæsatpiniées :* Bois de Campêche, de
Sappan, d'Angelin. Bonduc. Poincillade. Alcornoque vraie,
Tamarin de l'Inde. Courbaril. Caroubier. Bois d'Agalloche
(L, 262-267, G, III, 305-333). *Cassiées :* Senés et Casses
(*Cathartocarpus* et *Cassia*) (L, 258-262, G, 336-348, R, II,
314-322). — *Papilionacées :* Genêts. Cytises. Anthyllide vulné-
raire. Anagyre fœtide. Fenu-grec. Mélilot officinal. Luzernes et
Trèfles. Indigotiers. Réglisses. Galégas. Agati (D, II, 133), As-
tragales à gomme adragant. Baguenaudiers. Bugranes. Coronilles.
Alhagi à Manne (D, II). *Abrus* (D, I, 205). Gesses. Pois. Lupins.
Fèves. Lentilles. Haricots. Pois à gratter. Arachide. Fève de
Calabar (*Physostigma venenosum*). Ptérocarpes à sang-dragon.
Fève Tonka (*Dipterix odorata*) (G, III, 301-305, 334-336, 351-
357, L, 237-257).

76. ROSACÉES. Légumineuses régulières polypétales, à réceptacle concave, à insertion périgynique, à un ou plusieurs car-

pelles. Ovules indéfinis en rangées verticales (*Spirédcées, Cydo-niées*), ou 1-2, ascendants avec micropyle intérieur (exc. *Drya-dées*), ou descendants avec micropyle extérieur. Graines sans albumen (E, 124, B, 137, 151, 169, 191, 193, 200, 202, 233, 244). — Benoîte (L, 225, G, II, 281, R, II, 244). Ronces (L, 227, G, 279, R, 246). Tormentille (L, 225, G, 281, R, 243). Fraisier (R, 240). Aigremoine (D, I, 202). Spirées (L, 229, G, 283, R, 247). Kousso (*Brayera anthelminthica*) (M, L, 230, G, 284, R, 250). *Gillenia trifoliata* (L. 229). Roses, de Provins, etc. (L, 228, G, 272, R, 265). Prunier, Cerisier, Pêcher, Amandier (G, 287, R, 252-263). Abricotier (D, I, 204). Laurier-Cerise (L, 232, G, 293, R, 257). Poirier, Pommier, Sorbier, Néflier, Cognassier (R, 268-274). Alchemille (D, II).

77. Granatées ou Punicées. Rosacées à carpelles sur deux rangs, refoulés de haut en bas dans la concavité du réceptacle et unis avec lui. Périanthe et androcée de Myrtacée (E, n. 6340). — Balaustes et écorce de Grenadier (*Punica Granatum*) (G, III, 257, R, I 226, L, 74).

78. Myrtacées. Réceptacle concave logeant un ovaire à une seule loge (*Chamelauciées*), ou à plusieurs loges disposées sur un seul verticille. Placenta multi et plus rarement pauciovulé, axile. Calice valvaire ; corolle polypétale. Étamines indéfinies (*Myrtées, Leptospermées*), ou unies en urcéole (*Lécythidées*). Graines sans albumen. Plantes ligneuses à feuilles opposées, odorantes, ou plus rarement alternes (*Barringtoniées, Lécythidées*) (E, 1223, A, II, 323). — Myrte (L, 74, G, III, 249). Girofle (*Caryophyllus aromaticus*) (L, 75, G, 250). Toute-épice (*Eugenia Pimenta*) (L, 76, G, 252). *Eucalyptus globulus, robusta, mannifera, resinifera*, etc. (L, 77). *Calyptranthes aromatica* (L, 77). Cajeputs (*Melaleuca*) (L, 73, G, 256). *Gustavia, Lecythis, Barringtonia* (L, 78), *Couroupita, Bertholletia* (G, 248).

79. Mélastomées. Myrtacées à gynécée libre ou adhérent, pluriovulé, à androcée diplostémoné. Étamines toutes fertiles ou en partie stériles, à anthères porricides accompagnées d'un pro-

longement variable du connectif. Graines sans albumen. Feuilles opposées ou verticillées, sans stipules, à limbe plurinervé à la base (J, E, 1205).

80. LYTHRARIÉES. Réceptacle en sac portant sur ses bords le périanthe souvent double. Étamines insérées plus bas, en dedans. Ovaire constamment libre (E, 1198). — Henné (*Lawsonia alba*) (M). *Nesœa salicifolia* antisyphilitique (L, 149). *Ammania* vésicants (L, 149). Salicaire (L, 150).

81. ONAGRARIÉES. Réceptacle concave; ovaire infère, non libre, à plusieurs loges, ou à une seule (*Hippuris*). Ovules nombreux ou 1-2, descendants avec micropyle intérieur, ou ascendants avec micropyle extérieur. Corolle polypétale, Androcée diplostémone, ou irrégulier (*Lopeziées*), ou monandre (*Hippuris*) (E, 1188). — *Isnardia* émétique. *Montinia* âcres. *Jussiœa scabra* et *Caparosa* astringents. *Fuchsia* id. et à fruits comestibles. OEnothères et Macles (*Trapa*) comestibles.

82. BÉGONIACÉES. Réceptacle concave. Ovaire plus ou moins ailé; placentas simples ou doubles, multiovulés. Fleurs diclines. Androcée indéfini, régulier ou irrégulier unilatéral. Feuilles souvent insymétriques (I, E, 941).

83. PHILADELPHÉES. Ovaire infère partagé en autant de loges pluriovulées qu'il y a de pièces aux verticilles du périanthe. Périanthe double; pétales libres. Fruit capsulaire Graines albuminées. Arbustes à feuilles opposées sans stipules (I, E, 1186).

84. GROSSULARIÉES ou RIBÉSIÉES. Philadelphées à placentas pariétaux, à fruits charnus (F, 88, E, 823). — Groseilliers (R, II, 355-360).

85. CACTÉES. Grossulariées à tiges charnues, épineuses (plantes grasses), à appendices floraux en spirale, souvent indéfinis (F, 143, E, 942). — Nopals, Figues-d'Inde (R, II, 354, G, III, 232).

86. LOASÉES. Grossulariées (?) à cinq faisceaux d'étamines superposés aux sépales, à fruit sec ou charnu. Herbes souvent volubiles (I, F, 80).

87. Aristolochiées. Loasées à périanthe simple, régulier (*Asa-rées*), ou irrégulier, à corolle nulle ou rudimentaire (?) (A, I, 55), à étamines libres ou réunies, à fruit capsulaire. Cloisons pariétales complètes ou incomplètes. Graines sans albumen (F, 99). — Aristoloches ronde, longue, etc. Serpentaire de Virginie. Cabarets d'Europe et du Canada (L, 341-345, G, II, 343-352, R, I, 305-313).

88. Cucurbitacées. Aristolochiées à fleurs unisexuées, à fruits charnus, dans lesquels les placentas se rejoignent et se réfléchissent même avant de porter les ovules ou les graines. Androcée particulier, avec cinq étamines uniloculaires dont quatre se rapprochent deux à deux (*Cucurbitacées* vraies) (F, 120), ou à anthère circulaire à déhiscence horizontale (*Cyclanthérées*) (F, 122), ou à cinq étamines équidistantes alternipétales (*Nandhirobées*). Placentas au nombre de trois, fertiles (*Curcurbitacées*), ou un seul fertile, pluriovulé (*Cyclanthérées*), ou uniovulé (*Sicyoïdées*) (F, 123). Graines sans albumen. Plantes ordinairement herbacées à feuilles accompagnées de vrilles. — Coloquinte, Courges, Concombre, Gourdes. *Luffa*. Bryones dioïque et blanche. *Ecbalium*. Momordiques. *Melothria pendula. Trichosanthes. Muricia. Fevillea* (L, 83-89).

89. Saxifragées. Fleurs à réceptacle plus ou moins concave ; ovaire supère ou infère, à deux ou plusieurs placentas pariétaux, souvent réunis de manière à constituer un ovaire uniloculaire. Ovules ordinairement nombreux. Fruit sec ; graines albuminées. Feuilles sans stipules (*Saxifragées, Hydrangées*), ou avec stipules (*Cunoniées*). Fleurs homomorphes (*Cunoniées*), ou dimorphes (*Hydrangées*) (A, V, F, 84). — Saxifrage granulée (R, II, 218). *Heuchera* astringents (L, 273).

90. Hamamélidées. Saxifragées à loges ovariennes à un ou deux ovules descendants, à micropyle d'abord intérieur. Anthères souvent à panneaux (*Hamamélées*). Plantes ligneuses, parfois ériciformes (*Bruniacées*) (I, E, 803, 805, A, III, 318).

91. Balsamifluées ou Altingiées. Hamamélidées à loges ova-

riennes pluriovulées, à fleurs polygames. Arbres à feuilles alternes (E, 805). — *Liquidambar orientale, styraciflua, Altingia* (L, 321, G, II, 292-295, R, II, 226).

92. Cornées. Hamamélidées à ovaire infère 1-5-loculaire. Un ovule suspendu à micropyle supérieur et intérieur. Fruit drupacé, ou baie. Graines albuminées. Plantes arborescentes (E, 788, A, V, 179). — Cornouillers astringents, à fruits comestibles (L, 81, G, III, 182).

93. Caprifoliacées. Cornées à corolle monopétale. Plantes souvent ligneuses, le plus souvent sans stipules (A, I, 353, F, 235). — *Adoxa* (D, II, 41). Sureaux, Yèble (L, 446, G, III, 180, R, II, 161). *Triosteum* (L, 445). Chèvrefeuille (G, 179, R, 159).

94. Rubiacées. Caprifoliacées à feuilles stipulées. Ovules ascendants à micropyle extérieur, descendants à micropyle intérieur, ou indéfinis (*Quinquinas*) (F, 231-235, A, I, 375). — Garance (R, II, 108). Gratteron. Herbe à l'esquinancie (R, 106-107). Ipécacuanha annelé (R, 117), strié (R, 120), blanc (R, 111). Café (A, V, 17, R, 113, G, III, 92). Chaya-ver (G, 77). Caïnca (G, 90). Quinquinas vrais et faux (M, G, III, 95-179, F, 235, R, II, 128-156, L, 406).

95. Araliacées. Cornées à ovules suspendus (deux d'abord, puis un seul par arrêt de développement), avec micropyle dirigé en haut et en dehors. Une ou plusieurs loges ovariennes. Plantes souvent arborescentes (E, 793). — Ginseng (*Panax quinquefolium*). Lierre (*Hedera Helix*). *Aralia hispida, papyrifera, nudicaulis*, etc. (L, 59).

96. Ombellifères. Araliacées à ovaire constamment biloculaire, à fruit sec (diakène). Plantes ordinairement herbacées (E, 762). — Petite Ciguë (*Æthusa Cynapium*), (D, II, 51). Aches (D, I, 521). Ciguës : vireuse (*Cicuta virosa*), maculée (*C. maculata*), grande (*Conium maculatum*), aquatique (*Phellandrium aquaticum*). Panicaut (*Eryngium campestre*). *Astrantia major.* Persil (*Petroselinum sativum*). Cerfeuil (*Scandix Cerefolium*).

Ptychotis d'Orient. Sison Amome. Carvi (*Carum Carui*). Anis vert (*Pimpinella Anisum*). OEnanthe safranée (*OEnanthe crocata*). Fenouils (*Fœniculum dulce* et *vulgare*). Athamante de Crète. *Meum*. Angéliques officinale et des bois. *Opoponax*. Férule de Perse, d'Orient et à l'Asa-fœtida (*Ferula Asa fœtida*). Gomme Ammoniaque (*Dorema Ammoniacum*). Peucedans. Impératoire. Aneth (*Anethum graveolens*). Berce (*Heracleum Sphondylium*). *Galbanum*. Cumin (*Cuminum Cyminum*). Thapsies (*Thapsia Silphion* et *villosa*). *Laserpitium glabrum*. Carottes (*Daucus Carota, gummifera*). *Anthriscus*. *Cachrys maritima* et *odontalgica*. Fiturasulion (*Prangos pabularia*). Maceron (*Smyrnium Olusatrum*). Coriandre (*Coriandrum sativum*). (G, III, 188-229, L, 33-58, R, II, 165-208).

97. Rhamnées. Ombellifères à étamines oppositipétales. Ovaire libre ou plus ou moins « adhérent ». Ovules ascendants, avec micropyle intérieur. Fruit sec ou charnu. Plantes ligneuses en général (E, 1094). — Nerprun. Graine d'Avignon. Bourgène. Alaterne. Jujubier (R, II, 211-217, G, III, 492-495).

98. Célastrinées. Rhamnées à étamines alternipétales, à ovaire ordinairement libre. Ovules nombreux, ou 1-2, ascendants avec micropyle extérieur, ou descendants avec micropyle intérieur. Plantes ligneuses (E, 1085). — Mayten (*Maytenus ilicifolius*). *Elæodendron* et *Celastrus* astringents, etc. (L, 197).

99. Buxacées. Célastrinées apétales diclines (Voy. *Monographie* des *Buxacées* et des *Stylocérées*, par H. Baillon, Paris, 1859). — Buis (*Buxus sempervirens*). B. de Mahon (*B. balearica*). (L, 175, G, II, 343, R, II, 278).

100. Ilicinées ou Aquifoliacées. Célastrinées à corolle gamopétale. Ovaire libre. Ovules descendants avec micropyle intérieur (E, 1091). Houx (*Ilex Aquifolium*). *Ilex vomitoria*. Maté (*I. paraguaiensis*). *Prinos verticillata*. (G, III, 496, L, 393, 394, R, II, 12-15).

101. Pittosporées. Célastrinées à loges ovariennes multiovulées, complètes où incomplètes ; à corolle imbriquée, polypétale ou

gamopétale. Albumen abondant. Plantes ligneuses (I, E, 1081).

102. **Ampélidées ou Vinifères.** Célastrinées à étamines opposi-tipétales. Corolle valvaire. Ovaire libre. Ovules ascendants, à micro-pyle extérieur. Fruits bacciformes (E, 796). — Vignes et *Cissus* (R, II, 461, G, III, 523, L, 65).

103. **Nitrariées.** Ampélidées (?) à pétales valvaires, à étami-nes dédoublées, à ovules suspendus avec micropyle intérieur et supérieur. Fruit drupacé (I, E, 1094).

104. **Malpighiacées.** Ampélidées (?) à androcée isostémone, méiostémone ou diplostémone. Ovules suspendus avec micropyle intérieur. Fruit charnu, ou sec, souvent ailé. Graines sans albumen. Plantes ligneuses à feuilles opposées (I, E, 1057).

105. **Coriariées.** Malpighiacées à androcée diplostémone, à carpelles indépendants superposés aux sépales. Ovule suspendu, avec micropyle intérieur. Arbustes à feuilles opposés (E, n. 5596). — Redoul (*Coriaria myrtifolia*) (G, III, 549, 343, L, 223).

106. **Staphyléacées.** Sapindacées à fleurs régulières, herma-phrodites. Étamines insérées en dehors du disque. Graines pour-vues d'albumen. Plantes ligneuses à feuilles opposées, simples ou composées (I, E, 1084).

107. **Acérinées.** Sapindacées à fleurs régulières, polygames. Étamines insérées sur le disque. Ovules 1-2, ascendants avec micropyle extérieur. Fruits ailés. Graines sans albumen. Arbres à feuilles opposées (E, 1055, D, I, 493). — Érables champêtre, rouge, à sucre, Sycomore (R, II, 513, G, III, 550).

108. **Sapindacées.** Acérinées souvent irrégulières, isostémones, ou à fleurs souvent 7-8-andres, avec les verticilles du périanthe pentamères. Ovaire à insertion souvent excentrique. Style simple. Ovules rarement nombreux, ordinairement 1-2, ascendants, avec micropyle extérieur. Étamines insérées dans l'intérieur du disque. Graines sans albumen, souvent arillées (E, 1066). — Savonniers. *Euphoria Litchi* et *Longana*. Guarana (*Paullinia sorbilis*). *Serjania* vénéneux. Pois-de-cœur (*Cardiospermum Halicacabum*).

Fruits de *Schmidelia*. *Schleichera trijuga*. Graines de Marronnier d'Inde (*Æsculus Hippocastanum*) (G, III, 541-547, R, II, 510, L, 121-124).

109. Simaroubées. Fleurs hermaphrodites (*Quassia*), ou polygames (*Simaruba*), à carpelles indépendants, unis ou non par les styles seulement, superposés aux pétales. Ovules 1-2, descendants, avec micropyle extérieur (E, 1143). — Bois amer de Surinam (*Quassia amara*) (G, III, 514, L, 207, R, II, 487). Simaruba officinal (*S. amara*) (L, 207, R, II, 489, G, III, 517, M). *Picræna excelsa* (L, 208, G, 516, M.). *Brucea antidysenterica* (L, 219) Ailanthe glanduleux (D, II, 226). Cédron (*Simaba Cedron*) (G, IV, 335, M).

110. Rutacées. Simaroubées à feuilles ponctuées-glanduleuses. Carpelles libres par les ovaires, unis par les styles. Ovules 2, descendants, à micropyle extérieur (*Cuspariées, Diosmées, Boroniées, Toddaliées*), ou en nombre indéfini (*Rutées*). Albumen charnu (*Rutées, Boroniées*), ou nul (*Diosmées, Cuspariées*) (E, 1150). — Angusture vraie (*Galipea Cusparia, officinalis*). Ticorée fébrifuge. Fraxinelle blanche (*Dictamnus albus*). *Buchu* ou *Bucco* (*Agathosma, Diosma, Barosma, Adenandra*) (D, I, 694, II, 132). Rue (*Ruta graveolens*). Évodie fébrifuge (G, III, 506-514, L, 209-213, R, II, 480-486).

111. Xanthoxylées. Rutacées à fruits oligospermes, définitivement apocarpés, à péricarpe dédoublé. Graines avec ou sans albumen (E, 1145). — Claveliers jaune, poivré, ailé, à feuilles de Frêne, etc. (L, 215, G, III, 513). *Ptelea trifoliata* (L, 215)?

112. Zygophyllées. Rutacées à carpelles non indépendants, unis en un seul ovaire pluriloculaire, avec placentation axile (E, 1161). — Gaïacs (*Guayacum officinale, sanctum*). G. du Chili (*Porliera hygrometrica*). *Zygophyllum Fabago* vermifuge (G, III, 499, L, 213-215, R, II, 476).

113. Aurantiacées ou Hespéridées. Rutacées à ovaire unique pluriloculaire. Étamines diplostémones ou nombreuses. Ovules peu nombreux, suspendus, avec micropyle extérieur, ou en

nombre indéfini. Fruit souvent charnu. Arbres ou arbustes à feuilles composées uni ou plurifoliolées, ponctuées, odorantes (Voy. *Thèses de Paris* (20 août 1855). — Citrons, Oranges, Cédrats, Limettiers, Lumies. *Triphasia. Ægle* (D, II, 45). Féronie. *Cookia. Glycosmis* (G, III, 570, R, II, 563).

114. **Amyridées ou Burséracées.** Aurantiacées à loges ovariennes 1–2-ovulées; ovules descendants avec micropyle extérieur. Style non articulé à sa base. Fruit drupacé. Graine sans albumen (E, 1135). — Boswellie à encens ou Oliban (*Boswellia thurifera*). Gomarts (*Bursera gummifera* et *acuminata*). Résines d'*Icica*. *Elaphrium. Commiphora.* Baumier de Ceylan (*Canarium commune*). Baume de la Mecque, de Gilead (*Protium gileadense*). Myrrhe (*Balsamodendron Myrrha*). *Amyris hexandra, balsamifera*, etc. (L, 169–174, 277, G. III, 464, R, II, 346).

115. **Anacardiées.** Amyridées à ovaire pluriloculaire (*Spondiacées*), ou uniloculaire, avec plusieurs styles. Loges uniovulées. Ovule ascendant à raphé ventral, ou descendant à raphé dorsal (E, 1127). — Noix, pomme et gomme d'Acajou (D, I, 262). Anacardiers. Manguier. Pistachiers atlantique et Lentisque. Sumacs. Monbins (*Spondias*) (G, III, 452, R, II, 336–346, L, 281-289).

116. **Méliacées.** Amyridées à ovaire pluriloculaire. Ovules nombreux, ou définis, descendants avec micropyle extérieur. Plantes ligneuses à feuilles alternes, sans stipules, non ponctuées. Étamines libres (*Cédrélacées*), ou monadelphes (*Swiéteniées, Trichiliées, Méliées*). Ovules nombreux (*Swiéteniées*), ou 1, 2. Graines sans albumen (*Trichiliées*), ou pourvues d'albumen (*Méliées*) (E, 1046). — *Azederach.* Trichilie émétique. *Xylocarpus* et *Guarea. Sandoricum indicum. Carapa* de la Guyane et du Sénégal (*C. Touloucouna*). Acajou à meubles (*Swietenia Mahogoni*), à planches (*Cedrela odorata*). A. du Sénégal (*Khaya senegalensis*). *Cedrela* fébrifuges (L, 154-158, G, III, 537-541).

117. **Polygalées.** Méliacées à ovaire 1–2-loculaire. Ovules ordinairement solitaires, suspendus avec micropyle extérieur (B, 217). Périanthe irrégulier (E, 1077, A, I, 174). — Polygala de

Virginie, amer, vulgaire, etc. (G, III, 604-606) (?). Ratanhia (*Krameria triandra*) (M, G, III, 606).

118. TRÉMANDRÉES. Polygalées régulières, à androcée diplosté-mone. Ovaire à deux loges uniovulées; micropyle supérieur et extérieur. Graines albuminées (I, E, 1076).

119. GÉRANIACÉES. Polygalées régulières, à cinq carpelles super-posés aux pétales. Loges biovulées; ovules suspendus, à micropyle extérieur. Étamines 5 (*Erodium*), ou 10 (*Geranium*), ou 15, (*Monsonia*); ou irrégulières (*Pelargonium*) (B, 271, E, 1166). — Bec-de-Grue. Essences de *Geranium* rosat et autres (G, III, 519-521, R, II, 498-502, L, 221).

120. OXALIDÉES. Géraniacées régulières à loges ovariennes pluriovulées (E, 1171). — Surelles. Caramboliers (*Averrhoa Carambola* et *Bilimbi*) (G, III, 518, R, II, 496, L, 222).

121. LIMNANTHÉES. Géraniacées(?) régulières à carpelles super-posés aux sépales, à style gynobasique. Ovule solitaire ascendant. avec micropyle extérieur (I, E, 1175).

122. TROPÆOLÉES. Géraniacées irrégulières, à fleur éperonnée en arrière, à huit étamines. Ovaire tricarpellé. Ovule solitaire suspendu, à micropyle extérieur (B, 146, 216, E, 1174). — Capucines (G, III, 522, R, II, 502).

123. BALSAMINÉES. Géraniacées irrégulières, à fleur éperonnée; Calice à 3-5 sépales. Androcée de cinq étamines. Cinq loges ova-riennes pluriovulées (B, 146, E, 1173).—Balsamines (G, III, 522).

124. LINÉES. Géraniacées régulières, à androcée diplostémone, les étamines opposipétales tantôt fertiles, tantôt stériles. Ovaire à 3-5 loges biovulées. Ovules suspendus, à micropyle extérieur (E, 1170, B, 154). — Lins usuel, cathartique, etc. (R, II, 492, D, III, 598, L, 129).

125. CARYOPHYLLÉES. Linées à fleurs régulières. Sépales libres étalés (*Alsinées*), ou unis en tube denté (*Silénées*). Androcée ordi-nairement diplostémone. Ovaire à 2-5 loges communiquant plus ou moins ensemble par la destruction des cloisons (fausse placen-tation centrale libre). Fruit ordinairement capsulaire, rarement

bacciforme (*Cucubalus*). Graines pourvues d'albumen. Plantes ordinairement herbacées, à feuilles opposées (E, 955, B, 97, 119, 134, 142, 155, 251). — OEillets. Saponaires. Gypsophiles. Silène de Virginie. Lychnis (R, II, 362, G, III, 599, L, 201).

126. Paronychiées. Caryophyllées à insertion hypogyne ou périgyne, à cinq étamines, ou moins. Sépales libres ou à peine unis. Ovaire uniloculaire et uniovulé, à placentation basilaire. Feuilles sans stipules (*Scléranthées*), ou avec stipules (*Corrigiolées*) (F, 17). — Turquette (*Herniaria glabra*). Scléranthes annuel et vivace.

127. Portulacées. Paronychiées polypétales, gamopétales ou apétales, à étamines variables, les extérieures opposées aux pétales. Ovaire supère, ou infère (*Tétragoniées*) (E, 946). — Pourpiers (R, II, 361, G, III, 235). *Aizoon* (D, II, 375).

128. Élatinées. Caryophyllées à ovaire complétement cloisonné, à capsule septicide. Graine sans albumen ou à peu près. Herbes à feuilles stipulées (I, E, 1036).

129. Mésembrianthémées ou Ficoïdes. Paronychiées à ovaire pluriloculaire, à placenta axiles, ou pariétaux, mais occupant le milieu de la loge (F, 63). Pièces du périanthe et de l'androcée en nombre indéfini. Plantes grasses, à feuilles charnues, sans stipules (E, 945). — Ficoïdes (G, III, 232).

130. Francoacées. Portulacées à réceptacle concave, à périanthe et androcée périgynes, avec un ovaire libre, à loges oppositipétales, multiovulées (I, E, 842).

131. Cynocrambées. Portulacées (?) à fleurs diclines très-incomplètes, à gynécée unicarpellé nu (I, E, 285).

132. Euphorbiacées. Fleurs régulières ou irrégulières, hermaphrodites (*Euphorbiées*), ou diclines. Ovaire libre à une ou plusieurs loges, avec un ou deux ovules collatéraux, descendants avec micropyle extérieur et supérieur, coiffé d'un obturateur. Graine presque toujours albuminée (F, 292, A, I, 23, 50, 58, 104, 139, 184, 251, 291, 340, II, 27, 211, III, 133, IV, 132, 257, V, 147. — Voyez surtout notre *Étude générale du groupe des Euphorbiacées*, Paris, 1858). — Euphorbes. Pédilanthes. Sablier

(*Hura*). Stillingies. Mancenillier. Tragie. Ricinelles (D, I, 263).
Mercuriales. Alchornées. Bancoulier (D, II). Siphonies. *Anda*.
Maniocs. Curcas. Médiciniers. *Elæococca*. Abrasin (D, I, 204).
Ricins. *Croton Tiglium* (A, I, 232). Cascarilles. Tournesol Mau-
relle. *Bridelia*. Clutelles. Phyllanthes. Emblics. Cheramelier
(L, 175-196, G, II, 317-343, R, I, 262).

133. Malvacées. Euphorbiacées ordinairement pétalées et
hermaphrodites, à ovules nombreux, ou définis; ascendants, à
micropyle extérieur; ou descendants, à micropyle intérieur (F,
279). — Mauves. Guimauves. Pavonies. Alcée (D. II). Sphæral-
cées. *Urena. Sida* et *Abutilon*. Ketmies. Cotonnier. Abelmosch
(D, I, 200). *Adansonia* (D, I, 691). *Bombax. Eriodendron. Helic-
teres* (L, 141, G, III, 585, R, II, 542).

134. Byttnériacées. Malvacées à étamines ordinairement stériles et pétaloïdes, superposées aux pétales. Ovaire pluriloculaire
à placentation axile. Ovules nombreux ou définis, suspendus avec
micropyle extérieur (F, 290). — *Theobroma Cacao* (M). *Guazuma
ulmifolia* (G, III, 594, R, II, 550).

135. Sterculiacées. Byttnériacées hermaphrodites ou diclines,
à carpelles indépendants (E, 993, B, 236). — *Sterculia. Heri-
tiera* (G, III, 587, L, 135).

136. Tiliacées. Malvacées à étamines ordinairement libres ou
à peu près, à anthères biloculaires. Ovules nombreux ou définis,
descendants, avec micropyle extérieur. Calice ordinairement
valvaire (F, 274). — Tilleuls. *Corchorus. Triumfetta*. (G, III,
583, L, 147. R, II, 538).

137. Diptérocarpées. Tiliacées à calice imbriqué. Ovules
suspendus, avec micropyle extérieur (F, 272). — Camphre de
Bornéo (*Dryobalanops aromatica*). *Dipterocarpus. Vateria* (M, L,
145, 146, G, III, 585).

138. Ternstroemiées. Tiliacées à calice imbriqué, à corolle
polypétale ou gamopétale, imbriquée ou tordue. Étamines hypo-
gynes ou légèrement périgynes, ordinairement indéfinies (F, 264).
— Thés, *Camellia* (G, III, 579, R, II, 519-529, L, 119).

139. Clusiacées ou Guttifères. Ternstrœmiées à feuilles ordinairement opposées, à fleurs souvent diclines. Graines sans albumen, souvent arillées. Embryon charnu, macropode (F, 269). — *Clusia*, *Xanthochymus*. Garcinies Mangostan, Guttier à gros fruit (*G. Cambogia*) et à petit fruit (*G. Morella*) (M, F, 271). Abricotier de Saint-Dominique (D, I, 205). Résine Tacahamaque (*Calophyllum*) (G, III, 552, L, 113, R, II, 554).

140. Hypéricinées. Clusiacées à placentation presque constamment pariétale. Fleurs hermaphrodites. Étamines polyadelphes, superposées aux pétales. Plantes presque toujours herbacées. (F, 77). — Millepertuis. Androsème. Caopia (*Vismia guianensis*) (G, III, 569, L, 117, R, II, 561).

141. Cistinées. Hypéricinées à ovaire uniloculaire, avec 3-5 placentas pariétaux. Étamines indéfinies. Ovules orthotropes ou à peu près. Fruit capsulaire. Graines albuminées (F, 144). — Cistes à *ladanum* (G, III, 611, L, 131, R, II, 376).

142. Tamariscinées. Cistinées à placentas pariétaux superposés aux sépales. Etamines monadelphes. Fruit capsulaire. Graines ans albumen, à poils chalaziques (F, 103). — Écorce, galles et manne de *Tamarix* (L, 203).

143. Frankéniacées. Tamariscinées à étamines monadelphes, sur deux verticilles, l'intérieur souvent incomplet. Ovaire uniloculaire. Placentas pariétaux 2-4, ordinairement 3, dont un postérieur. Fruit capsulaire. Graines albuminées. Petites herbes à feuilles opposées (I, E, 104, B, 17).

144. Droséracées. Tamariscinées à fleurs isostémones; anthères extrorses. Placentas basilaires, ou pariétaux superposés aux sépales. Fruit capsulaire. Graines albuminées (I, F, 105).

145. Violariées. Droséracées à fleurs régulières (*Alsodéiées*) ou irrégulières (*Violées*), à corolle éperonnée en avant. Androcée isostémone. Anthère surmontée d'un prolongement pétaloïde du connectif. Ovaire uniloculaire à trois placentas pariétaux, dont un postérieur. Fruit capsulaire. Graines albuminées (F, 107, B, 86, 140, 147, 186, 195, 221, 238). — Violettes odorante, trico-

lore, etc. *Ionidium* faux-ipécacuanhas. *Anchielea* (R, II, 367–375, G, III, 87, 608, L, 97).

146. Passiflorées. Réceptacle ordinairement allongé, cylindrique, portant en bas le périanthe, et en haut les organes sexuels. Disques pétaloïdes en nombre variable. Ovaire en général à trois placentas pariétaux, dont un antérieur. Graines albuminées, souvent arillées. Plantes souvent grimpantes (F, 88, B, 192). — Passiflores (L, 105).

147. Garryacées. Fleurs diclines. Placentas pariétaux pauciovulés. Fruit charnu. Fleurs mâles à périanthe double; femelles sans périanthe. Feuilles opposées (I, F, 124).

148. Salicinées. Garryacées à fleurs diclines en châtons, sans périanthe (*Saules*) ou à périanthe simple (*Peupliers*). Ovaire libre à deux placentas pariétaux pluriovulés. Graines à aigrette, sans albumen. Feuilles alternes (F, 124, B, 83, 135, 136, 253). — Saules et Peupliers (G, II, 295, R, I, 228).

149. Homalinées. Feurs hermaphrodites ou diclines. Deux périanthes analogues. Étamines superposées ou unies en faisceaux superposés aux pétales. Ovaire supère (*Calanticées*), ou infère (*Nisées*). Placentas pariétaux en général, au nombre de trois, dont un antérieur. Fruit capsulaire. Graines albuminées (I, F, 82).

150. Bixacées. Homalinées à ovaire supère, à fleurs polyandres, hermaphrodites ou diclines (F, 110). — Rocou (*Bixa Orellana*). *Cochlospermum* (M). *Flacourtia* (L, III, 119, G, III, 614).

151. Gentianées. Saxifragées à fleurs monopétales et à ovaire supère. Corolle régulière. Androcée isostémone. Deux placentas pariétaux pluriovulés. Fruit capsulaire. Graines albuminées (F, 71). — Gentianes. Petite Centaurée (*Erythrœa Centaurium*). Trèfle d'eau (*Minyanthes trifoliata*). *Villarsia. Chlora. Cicendia. Frazera. Agathotes* (L, 517–524, G, II, 501, R, I, 383).

152. Gesnériacées. Gentianées irrégulières. Étamines 2 ou 4 didynames. Ovaire infère (*Gloxiniées, Æschinanthées*), ou supère (*Martyniées, Tapiniées*). Graines albuminées (*Tapiniées, Gloxiniées*), ou sans albumen (*Æschinanthées, Martyniées*). (I, F, 71, A, III, 341).

153. Orobanchées. Gessnériacées parasites, non vertes (F, 76).
— Orobanches, *Epiphegus* (L, 525).

154. Bignoniacées. Gessnériacées à ovaire supère partagé en deux loges complètes. Graines sans albumen. Fruit capsulaire à cloison parallèle aux valves (*Eubignoniées*), ou à cloison perpendiculaire aux valves (*Tecomées*), ou indéhiscent (*Crescentiées*), ou à loges subdivisées par une fausse cloison médiane centripète (*Sésamées*) (F, 213, A, II, 1, 182, et surtout la *Thèse* de M. Bureau, 1864). — Sésame (A, II, 1). Bignones. *Catalpa. Crescentia* (L, 499, 514, G, II, 498).

155. Acanthacées. Bignoniacées à deux ou à quatre étamines didynames; à corolle à peu près régulière (*Thunbergiées*), ou bilabiée. Ovules réduits au nucelle et accompagnés d'une saillie placentaire. Graines sans albumen (F, 215). — *Adhatoda* (D, II, 1). Acanthes. Rhinacanthe. *Gendarussa. Andrographis* (L, 500, R, I, 457).

156. Scrofulariées. Bignoniacées à graines albuminées. Corolle personée ou bilabiée. Androcée diandre (*Véronicées*), ou didyname (F, 210). — Digitale. Gratiole. Scrofulaire. Bouillon blanc. Linaires. Véroniques. Euphraise. Muflier. *Picrorhiza.* Calcéolaires. *Herpestes* (G, II, 443, R, I, 442, L, 502).

157. Solanées. Scrofulariées régulières isostémones (F, 205, B, 98, 170, 209, 236). — Belladone. Mandragore. Stramoine. Jusquiame. Tabac. Morelles. Piment. Alkékenge (G, II, 451, R, I, 414, L, 508).

158. Loganiacées. Solanées ligneuses à feuilles opposées. Fleurs hermaphrodites (*Strychnées, Spigeliées*), ou diclines (*Loganiées*). Androcée isostémone, ou incomplet (*Ustériées*). Fruit charnu (*Strychnées*), ou déhiscent (*Loganiées, Spigeliées*) (F, 201). — Fève de Saint-Ignace (*Ignatia amara*). Fausse Angusture. Noix vomique (*Strychnos Nux-vomica*). *Upas-Tieute.* Curare (*Strychnos toxifera*). Bois de Couleuvre (*S. Colubrina*) (L, 524, 528-531, G, II, 507, R, I, 404).

159. Apocynées. Solanées à carpelles indépendants par leur

portion ovarienne, plus rarement unis (*Willughbiées*, *Carissées*.).
Feuilles opposées ou verticillées. Suc laiteux (E, 577, A, III, 8).
— Laurier-rose (*Nerium Oleander*). Pervenches. Apocyns. Tan-
guin. *Willughbeia*. *Alyxia*. *Cerbera*. *Allamanda*. *Plumieria*.
Wrightia (L, 527-537, R, I, 398, G, II, 521).

160. ASCLÉPIADÉES. Apocynées à pollen en masses solides (B,
174, E, 586). — Asclépiades. Tylophore. *Hoya*. *Calotropis*.
Dompte-venin. Scammonée de Montpellier. *Secamone*, etc. (L.
539, 545, R; I, 392, G, II, 519).

161. HYDROLÉACÉES. Solanées à placentation axile ou pariétale,
à inflorescences d'Hydrophyllées (F, 204). — *Hydrolea zeylanica*
(M, L, 401).

162. HYDROPHYLLÉES. Hydroléacées à placentation pariétale, et
Borraginées à fruit capsulaire (I, F, 68).

163. BORRAGINÉES. Solanées à ovaire biloculaire et biovulé, à
loges souvent partagées en deux moitiés uniovulées. Ovules ascendants, avec micropyle intérieur. Style gynobasique (*Borraginées*
proprement dites), ou apical. Graines sans albumen (*Cordiées,
Héliotropiées*), ou albuminées (*Tournefortiées*). Corolle presque
toujours régulière, ou irrégulière (*Vipérines*) (A, III, 1-7, F,
185). — Bourrache. Consoudes. Pulmonaires. Buglosse. Cyno-
glosse. Grémils. Orcanettes. *Trichodesma*. Sébestes (G, II, 468-
476, L, 481-484. R, I, 374-383).

164. CONVOLVULACÉES. Cordiées à ovaire biloculaire, à loges
biovulées, ou à quatre loges ovariennes uniovulées. Ovules ascendants, avec micropyle extérieur. Style gynobasique (*Dichondrées*),
ou apical. Corolle sans appendices, ou avec appendices (*Cuscutées*)
(F, 195). — Scammonée (*Convolvulus Scammonia*). Liserons
maritime, des haies, des champs, etc. Argyrées. Turbith végétal
(*Ipomœa Turpethum*). Patates (*Batatas edulis*). *Pharbitis*. Jalap
(*Exogonium Purga*), Bois de Rhodes (*Breweria scoparia*). Racine
de Mechoacan (G, II, 476-498, R, I, 361, L, 395).

165. NOLANÉES. Convolvulacées à carpelles indéfinis échelon-
nés sur le réceptacle et formant un fruit composé (I, F, 198).

166. Polémoniacées. Convolvulacées à ovaire triloculaire. Ovules nombreux sur deux séries verticales (*Polémoniées*), ou solitaires, ascendants, avec micropyle extérieur (*Phloxidées*). Corolle régulière (*Polémoniées, Phloxidées*), ou labiée (*Bonplandiées*) (I, F, 199-201).

167. Oléinées. Fleurs régulières, diandres. Étamines superposées à deux lobes de la corolle (*Jasminées*), ou alternes (*Chionanthées, Syringées, Fraxinées*). Ovules suspendus, avec micropyle intérieur (*Ornées, Fraxinées, Syringées*), ou avec micropyle extérieur (*Chionanthées, Jasminées*). Graines albuminées (*Fraxinées*), ou sans albumen (*Chionanthées, Jasminées*) (F, 175-181). — Jasmins. Lilas. Troënes. Frênes. Olivier (*Olea europœa*). Frênes à manne (*Ornus europœa et rotundifolia*) (L, 547, G, II, 530, R, I, 463-472).

168. Sapotées. Fleurs monopétales diplostémones, à un verticille d'étamines avorté ou transformé en lames pétaloïdes (*Bumeliées*), ou à 2-3 verticilles fertiles (*Bassiées*), ou à un seul verticille d'étamines fertiles et superposées aux pétales (*Chrysophyllées*). Loges ovariennes superposées aux sépales, uniovulées. Ovule ascendant, avec micropyle extérieur. Fruit charnu (baie) (F, 254, A, II, 24). Gutta-percha (*Isonandra Gutta*). *Elengi. Bassia.* Beurre de Galam. Sapotille (*Achras Sapota*) (M, L, 387, G, II, 542).

169. Styracées. Sapotées (?) à ovaire en partie infère, à étamines plus nombreuses que les pétales et unies à la base. Graines albuminées (F, 251). — Aliboufiers, Benjoin, Storax (D, II, G, II, 549, R, II, 7-12, L, 389).

170. Ébénacées. Styracées à loges ovariennes biovulées. Ovules suspendus, avec micropyle intérieur. Graines albuminées (F, 258). — Plaqueminiers. Bois d'ébène (G, II, 547, L, 388, R, II, 5).

171. Myoporinées. Scrofulariées (?) à gynécée dimère. Ovules géminés, suspendus, avec micropyle intérieur. Graines albuminées (I, F, 249).

172. Sélaginées. Myoporinées à corolle bilabiée. Ovules soli·
taires suspendus, avec micropyle intérieur. Ovaire biloculaire, ou
uniloculaire (*Globulariées*) (F, 220, E, 639, 640). — *Globu-
laria Alypum, vulgaris, nudicaulis* (L, 475, G, II, 420, R, I,
358).

173. Verbénacées. Myoporinées régulières ou irrégulières, à
loges dédoublées par une fausse cloison médiane en deux com-
partiments uniovulés. Ovule ascendant avec micropyle extérieur,
ou descendant avec micropyle intérieur. Style apical (F, **187**, A,
II, 81, 251, 303, III, 177). — Verveines. Gattiliers. *Stachytar-
pheta*. Lippie Citronelle. Bois de Tek (G, II, 440, L, 495, R, I,
459).

174. Labiées. Verbénacées irrégulières à gynécée de Borragi-
née, avec gynobase. Ovules ascendants, avec micropyle extérieur
(F, **190**, B, 85, 158, 165, 171). — Cataire. Mélisses. Lierre-
terrestre. Marrube. Ballote. Ortie blanche. Orvale. Bétoine. Ger-
mandrées. Bugles. Sauges. Romarin. Menthes. Origans. Lavandes.
Basilics. Thyms. Calament. Sarriette. Hysope. Lycope. Mérian-
dre du Bengale. Patchouly. Dictame de Crète. Cardiaque.
Stachydes. Anisomèle du Malabar. Prunelle (L, 485-495, R, I,
472-502, G, II, 421-440).

175. Épacridées. Éricinées à anthères uniloculaires (F, **222**, A, I,
206). — *Astroloma*, *Leucopogon* et *Styphelia* à fruits comestibles.

176. Monotropées. Éricinées asépales, parasites (?), non vertes,
à corolle polypétale (A, I, 189, F, 229). — *Hypopytis* et *Mono-
tropa* anthelminthiques et pectoraux.

177. Pirolacées. Éricinées herbacées, polypétales (A, I, 193, F,
227). — Piroles. Chimaphile ombellée (G, II, 1).

178. Éricinées. Fleurs régulières (*Bruyères*), ou irrégulières
(*Rhododendrées*). Corolle monopétale, ou polypétale (*Lédées*).
Ovaire supère ou infère (*Vacciniées*). Fruit sec ou charnu (*Arbu-
tées, Myrtilles*). Étamines à anthères biloculaires. Plantes frutes-
centes (F, 224-227, A, I, 198, 206, 287). — *Ledum. Kalmia.*
Azalées. Rosages. Arbousiers. Busserolle. Loiseleurie. *Gaulthe-*

ria procumbens. Airelles (D, II, 333). Canneberge. Andromèdes (G, III, 2-8, R, II, fl5-18, 21-26, E, 377).

179. Émpétrées. Éricinées à fleurs diclines, polypétales, à loges ovariennes uniovulées. Ovule ascendant, avec micropyle extérieur (I, F, 261).

180. Campanulacées. Vacciniées (?) à fruit capsulaire, à androcée isostémone. Plantes ordinairement herbacées. Corolle gamopétale régulière (*Campanulacées* proprement dites), ou irrégulière (*Lobéliacées*) (F, 248-251). — Campanules. Raiponce. *Phyteuma.* Lobélies. *Tupa* (G, III, 8, L, 403, R, II, 26).

181. Goodéniacées. Campanulacées irrégulières, à extrémité stigmatique du style entourée d'une collerette (B, 204). Loges ovariennes multiovulées (*Goodéniées*) ou uniovulées (*Scævolées*). Fruit charnu (*Scævolées*), ou capsulaire (*Goodéniées*) (I, F, 246).

182. Stylidiées. Goodéniées gynandres, diandres. Ovaire à deux loges dont une souvent avortée. Cloisons incomplètes (I, F, 246).

183. Valérianées. Campanulacées (?) irrégulières à androcée tétramère. Ovaire infère à une seule loge fertile uniovulée. Ovule suspendu, avec micropyle intérieur. Fruit sec. Graines sans albumen (F, 240, B, 182). — Grande Valériane (*Valeriana Phu*). V. officinale. V. dioïque. V. de Dioscoride. Nard celtique (*V. celtica*). Spicanard vrai. Nard indien. Valériane rouge (*Centranthus ruber*). Mache (*Valerianella olitoria*) (G, III, 63, L, 474, R, II, 48).

184. Dipsacées. Valérianées à fleurs irrégulières, tétrandres, pourvues d'un calicule. Ovaire uniloculaire. Ovule solitaire suspendu, avec micropyle postérieur. Graines albuminées (F, 243, B, 147). — Scabieuses. Cardères (G, III, 61, R, II, 44).

185. Composées ou Synanthérées. Dipsacées à placentation basilaire. Ovule anatrope dressé. Fruit sec indéhiscent. Graine sans albumen. Corolle régulière (fleuron) ou ligulée (demi-fleuron). Fleurs en capitules (F, 18, B, 89, 103, 104, 105, 108, 111, 147, 166, 171, 178, 242). — I. *Carduacées :* Artichaut. Car-

dons. Chardon-Marie (*Silybum Marianum*). *Onopordon*. Chardon-bénit (*Cnicus bénedictus*). Grande Centaurée. Chausse-trape. Barbeau. Jacée. Behen blanc. Chamæléons. Carline. Bardane. *Auklandia Costus* (G, III, 16-31, R, II, 55-66). II. *Chicoracées :* Laitues. Chicorées. Laitrons. Pissenlit. Salsifis. Scorsonères (R, II, 92, G, III, 12-16). III. *Radiées :* Soucis officinal et des vignes. Arnica. Herbe aux panthères. Émilie à feuilles de laitron. Tanaisie. Armoises et Absinthe (D, I, 206). Génipis. Pyrèthre. Anacycle. Achillées (D, I, 523). Camomilles. *Maruta. Cotula. Calea.* Cresson du Para. Hélianthes. Topinambour. Aunée. Pulicaire. Pied-de-chat. *Grangea maderaspatana.* Verge d'or. *Baccharis. Stenactis annua.* Tussilage pas-d'âne. *Erigeron. Adenostyles. Piqueria.* Eupatoires. Guaco. *Liatris squamosa.* Vernonies (L, 449-466, G, III, 31-61, R, II, 67-92).

186. Plumbaginées. Fleurs en capitules ou en épis composés. Ovaire supère uniloculaire uniovulé. Ovule anatrope porté par l'extrémité recourbée d'un placenta filiforme (F, 12). — Dentelaires. Behen rouge. *Statice Armeria, caroliniana* (G, II, 415, L, 479).

187. Primulacées. Plumbaginées à étamines oppositipétales. Placenta central libre pluriovulé. Ovaire supère ou infère (*Samolées, Mœsées*). Graines rarement sans albumen (F, 1-11, B, 140, 280, 166, 170, 211, 222). — Pain-de-pourceau. Primevères. Mouron-rouge. Lysimaques (L, 385, G, II, 419, R, I, 502).

188. Lentibuliées ou Utriculariées. Primulacées à corolle irrégulière, à deux étamines (I, F, 14, B, 187).

189. Plantaginées. Plumbaginées (?) à ovaire biloculaire. Ovules ascendants, avec micropyle extérieur. Loges ovariennes toutes fertiles, ou une stérile (*Littorella*), l'autre uniovulée (F, 181). — Plantains (L, 478, G, II, 414, R, I, 352).

190. Chénopodées. Plumbaginées apétales à placenta basilaire uniovulé. Ovule dressé campylotrope. Ovaire supère ou infère (*Bétées*). Étamines libres ou monadelphes (*Achyranthées*). Anthères biloculaires, ou uniloculaires (*Alternanthérées*) (F, 33). — Chéno-

podes. Camphrée de Montpellier. Poirée. Arroches. Betteraves. Bon-Henri (D, II, 133). Soudes. Salicornes. Chouan. *Blitum.* Amarantes. *Gomphrena* (G, II, 405-411).

191? Deeringiées. Chénopodées à placenta pluriovulé (I, F, 32, B, 143).

192? Basellées. Chénopodées à deux périanthes anisomères. Étamines oppositipétales. Ovule solitaire campylotrope. (F, 39). — Baselles. *Boussingaultia.* Ulluco (R, I, 348) à tubercules féculents.

193. Polygonées. Chénopodées à ovule solitaire, orthotrope, dressé. Feuilles pourvues d'un *ochrea* (B, 24, 50, 159, 213, 225, F, 41). — Renouées, Bistorte, Poivre d'eau, Sarrazin. Rhubarbes. Patiences. Oseille. *Coccoloba* (G, II, 390-405, L, 353, R, I, 321-336).

194. Loranthacées. Polygonées à étamines oppositipétales. Ovules dressés ou ascendants (*Loranthinées*), ou descendants (*Santalinées*). Ovaire infère (*Santalacées, Loranthées*), ou supère (*Olacinées, Anthobolées*) (A, II, 330-381, III, 50-128, F, 46, 48, 49). — Gui. Santals blanc, paniculé, elliptique, de Freycinet, etc. (M, G, II, 352, R, I, 313, L, 323).

195. Juglandées. Loranthacées apétales à fleurs diclines. Ovaire infère uniovulé. Ovule orthotrope dressé. Graines sans albumen (F, 45). — Noyers. Dammar. *Carya* (G, II, 287, R, I, 215, L, 307).

196. Myricacées. Juglandées amentacées, à fleurs apérianthées. Ovule dressé orthotrope. Graines sans albumen. — *Comptonia. Myrica cerifera, pensylvanica, Gale,* etc. (L, 305, R, I, 219, G, II, 268).

197? Bétulinées. Fleurs en chaton (Amentacées), monoïques. Anthères extrorses. Ovaire supère à deux loges uniovulées. Ovules suspendus, avec micropyle extérieur. Graines sans albumen (F, 164). — Aunes et Bouleaux (R, I, 220, G, II, 268, L, 293).

198. Corylées. Amentacées monoïques, à fleurs mâles apérianthées. Anthères extrorses, uniloculaires. Ovaire infère à deux

loges uniovulées. Ovules suspendus, avec micropyle extérieur. Graines sans albumen (F, 163). — Coudriers. *Ostrya*. Charmes (R, I, 211, G, II, 268).

199. Quercinées ou Cupulifères. — Amentacées monoïques. Anthères extrorses. Ovaire infère pluriloculaire. Loges biovulées, dont une seule se développe. Ovules suspendus, avec micropyle extérieur, dont un seul se développe. Fruit sec (akène). Graine sans albumen. Involucre ligneux autour du fruit (F, 165). — Chênes. Hêtres. Châtaigniers (R, I, 205, G, II, 270, L, 291).

200? Artocarpées ou Morées. Fleurs diclines. Ovaire à deux loges, dont une avorte. Style bifide. Loge fertile uniovulée. Ovule suspendu, avec micropyle extérieur. Ovaire supère ou infère (*Antiars, Pseudolmédiées*). Étamines à filets dressés, ou infléchis (*Morées, Dorsténiées*). Fleurs femelles en épis de glomérules (*Morées*), ou en cymes (*Cannabinées*), ou en épis (*Pseudolmédiées, Antiars*). Réceptacle de l'inflorescence convexe, ou concave (*Figuiers*), ou en table de forme variée (*Dorsténiées*), portant de nombreux glomérules (F, 169-175, A, I, 212, 214, III, 335, IV, 79, B, 105, 241). — Figuiers, Laque des Figuiers. Mûriers blanc, noir, à papier (*Broussonnetia*). Maclure épineux. Dorsténies, *Contrayerva*. Arbres à pain. Arbre à la vache (*Galactodendron utile*). Antiar. Bois-de-lettres. Chanvres, Hachish. Houblon (G, II, 229-317, L, 296-302, R, I, 242-246, 248-259).

201? Ulmacées. Artocarpées à fleurs hermaphrodites ou polygames. Ovaire primitivement biloculaire, avec une loge avortée. Ovule suspendu, avec micropyle extérieur. Périanthe unique ; étamines superposées. Graines sans albumen (F, 166). — *Ormes, Micocouliers* (R, I, 259, G, II, 298).

202. Casuarinées. Loranthacées à fleurs diclines, nues, ou à peu près. Fleurs mâles monandres. Ovaire uniloculaire uniovulé. Ovule dressé ou ascendant (E, 270). — Écorces astringentes, toniques de *Casuarina*.

203. Gnétacées. Casuarinées à fleurs monoïques (*Gnetum*), ou dioïques (*Ephedra*). Étamines deux, ou plus, monadelphes, entou-

récs d'un périanthe simple. Ovaire libre uniovulé, entouré d'un périanthe simple, ou double (?). Graine dressée, albuminée (B, 355, F, 50). — Raisins de mer. Gommes, feuilles et graines comestibles de *Gnetum*.

204. Conifères. Loranthacées à fleurs diclines nues. Ovaire libre uniloculaire à placentation basilaire. Ovule unique dressé, orthotrope, réduit au nucelle. Graines albuminées. Arbres (ordinairement) verts (F, 53-62, A, I, 1, IV, 1, B, 25, 46, 48, 93, 173, 241). — Pins. Sapins. Mélèzes. *Callitris. Dammara. Thuya.* Genévriers. Sabine. Cyprès. Ifs. *Podocarpus. Araucaria.*

205. Cycadées. Conifères à port de Palmiers, à anthères portées par des écailles imbriquées. Fleurs femelles nues; ovule orthotrope dressé, réduit au nucelle (F, 52). — Graines, gommes, fécules, etc. *Dion edule, Zamia, Cycas* (L, 549).

LISTE ALPHABÉTIQUE DES FAMILLES,

SUIVIES DE LEUR NUMÉRO D'ORDRE.

Extrait de L'ADANSONIA, RECUEIL D'OBSERVATIONS BOTANIQUES
Livraison de, Mai 1865.

Paris. — Imprimerie de E. MARTINET, rue Mignon, 2.